尿、雨水和海绵城市

［英］海伦·格雷特黑德 著
［英］凯尔·贝克特 绘
王凡 译

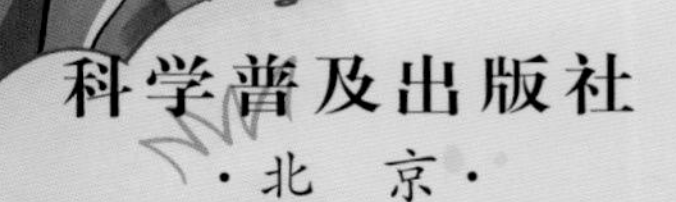

科学普及出版社
·北 京·

图书在版编目（CIP）数据

它们去哪儿了？. 尿、雨水和海绵城市 /（英）海伦·格雷特黑德著；（英）凯尔·贝克特绘；王凡译 . 北京：科学普及出版社，2025. 2. -- ISBN 978-7-110-10898-7

Ⅰ. X-49

中国国家版本馆 CIP 数据核字第 2024MP6917 号

Where Does It Go?: Wee, Rain and Other Liquids

First published in Great Britain in 2023 by Wayland

Text by Helen Greathead

Illustration by Kyle Beckett

北京市版权局著作权合同登记　图字：01-2024-5532

目录

什么是液体？

液体包括雨水、饮用水、尿液等。本书将带领我们深入了解水循环过程，以及液体在维持我们的星球的运转及人类健康方面扮演的角色。岩石如何转变为液体？液体被使用之后又将流向何处？快来踏上液体探索之旅吧！

判断某种物体是否为液体的方法之一是将其倒入另一个容器中。液体没有固定的形状，它会根据容器的形状改变自己的形状。

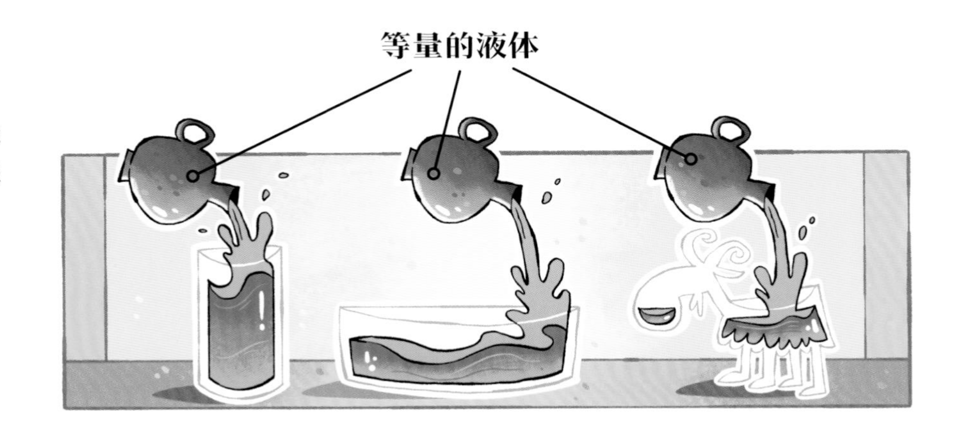

液体能够被倒出，是因为它们由能够自由移动的粒子构成。

水是液体。

粒子自由运动。

当液体冷却至凝固点时，它可以变成固体。我们称固态水为冰。

粒子紧密地聚集在一起。

当液体被加热时，它会转变成气体，我们把这种气体称为蒸气。

粒子四处运动。

水看起来可能并不起眼，因为它是透明的，而且我们喝的水没有任何味道。然而，水是地球上最重要的液体！

地球表面约 71% 是海洋。所有生物的生存都离不开水，人类也不例外。

那么，我们的旅程就从探索身体内的液体开始吧！

水是生命之源

当我们喝水时，液体就进入我们体内了。大多数饮料都富含水分。

我们应该每天喝 **6 ~ 8** 杯水。

我们也从食物中摄入水分！有些固态食物的含水量也非常高。

人体在没有食物的情况下可以存活**两**个月！但如果没有水，人就只能存活 **2 ~ 4** 天。缺水会让你感到口渴、头晕、神志不清、头痛。

人体中的液体

在我们的身体中有各种各样的液体，图中列出了其中五种。你了解这些能让身体正常运转的液体吗？

1 泪液

第一，能够保持眼睛清洁。

第二，可以保护眼睛。比如，当我们切洋葱时，它可以防止眼睛被洋葱挥发出来的刺激性物质刺激！

第三，会在我们悲伤的时候流出来。

2 唾液

能够帮助我们品尝食物、消化食物，同时也让我们能够顺畅地说话。一般情况下，成年人每天可产生1~1.5升唾液。

3 血液

在静脉、动脉和毛细血管中流动，为身体各处的细胞运输氧和营养物质，同时把细胞产生的废物运走。一般情况下，成年人体内含有4~5升血液。

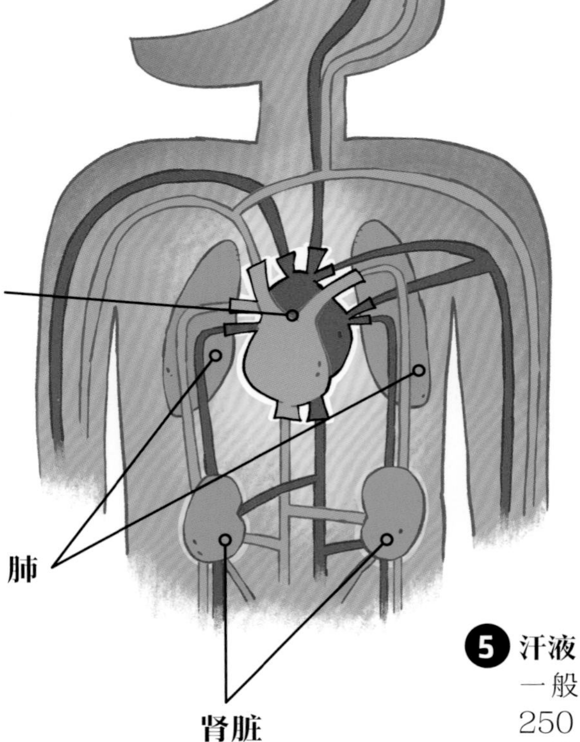

4 黏液

人体很多器官中都有黏膜，黏膜可以分泌黏液。比如，鼻腔中的黏膜每天可产生1升黏液。

黏液从鼻腔中流出，就成了鼻涕！

5 汗液

一般情况下，人体有200万~250万个汗腺。汗液从这些汗腺中排出，可以让我们保持凉爽。

水是这些液体的主要成分，它还会在我们小便时将废物从身体中排出。

我们为什么要小便？

我们的身体需要大量水分，只有这样人体才能正常运转。但是，这些水都去哪里了呢？它们又是如何排出体外的呢？

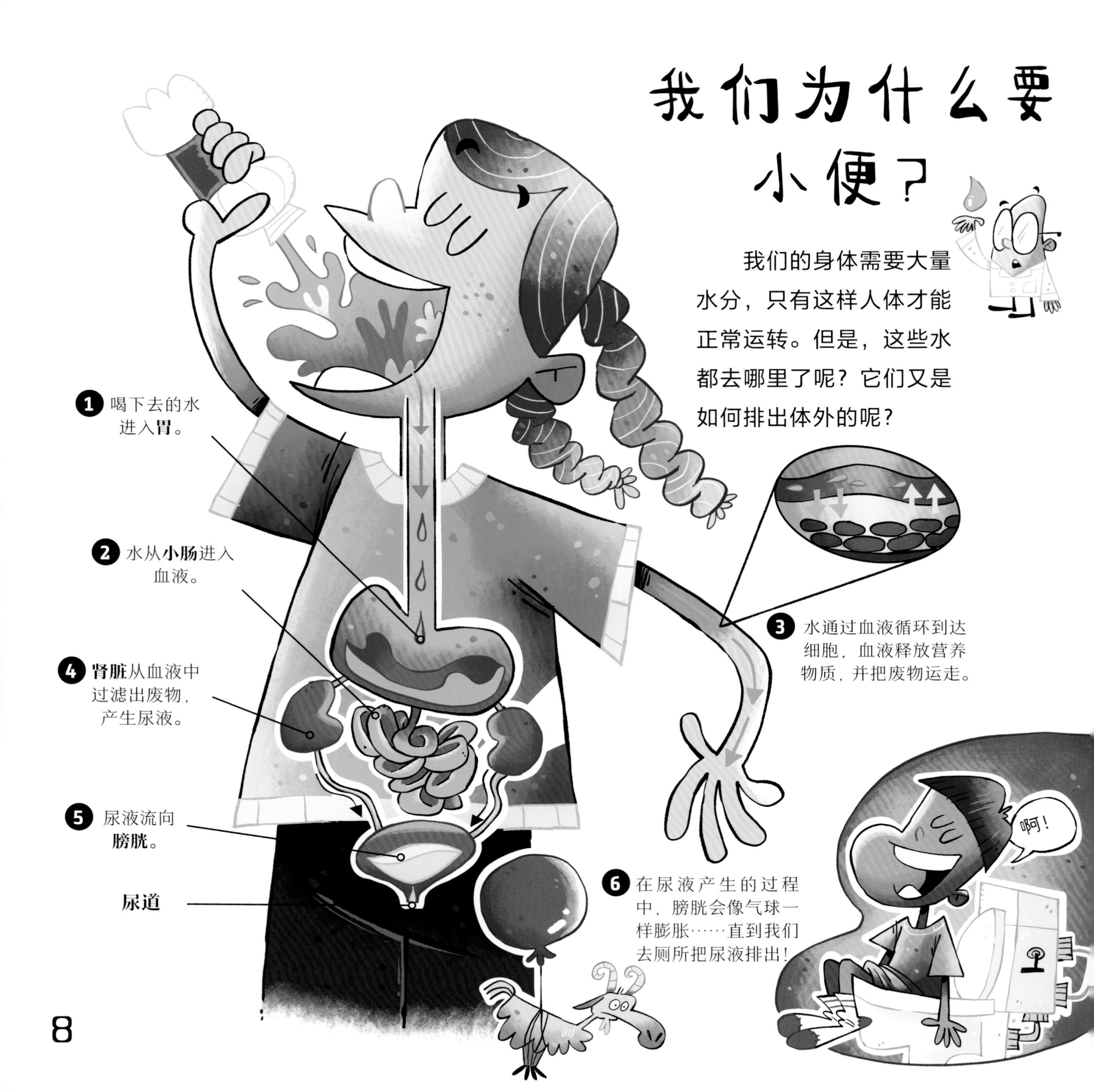

排尿是身体排出毒素的一种方式。尿液的主要成分是水，含量约为 95%。除了水，尿液中还含有 **3 000** 多种化学物质，其中包括尿素，这是血液中蛋白质代谢产生的一种含氮废物。

人体每天排出的尿液约为 **1.5** 升。

尿液中有什么？

尿素

无机盐（含钾、钠、氯）

水

以下几点可以帮助我们了解尿液状态是否健康：

- 每天排尿 **5 ～ 7** 次。
- 没有异味。除非你很久没排过尿，或者你吃过芦笋、咖喱，喝过咖啡！
- 淡黄色、透明。

您好，我要一份咖喱芦笋和一杯咖啡。

便后请冲水！那么，洗手间里的水来自哪里呢？

水龙头中的水

水从哪里来?

正常情况下，当我们按下坐便器的冲水按钮或打开水龙头时，水就像变魔术一样出现了。但我们不曾想过，它在出现之前，已经走过了一段很长的旅程！

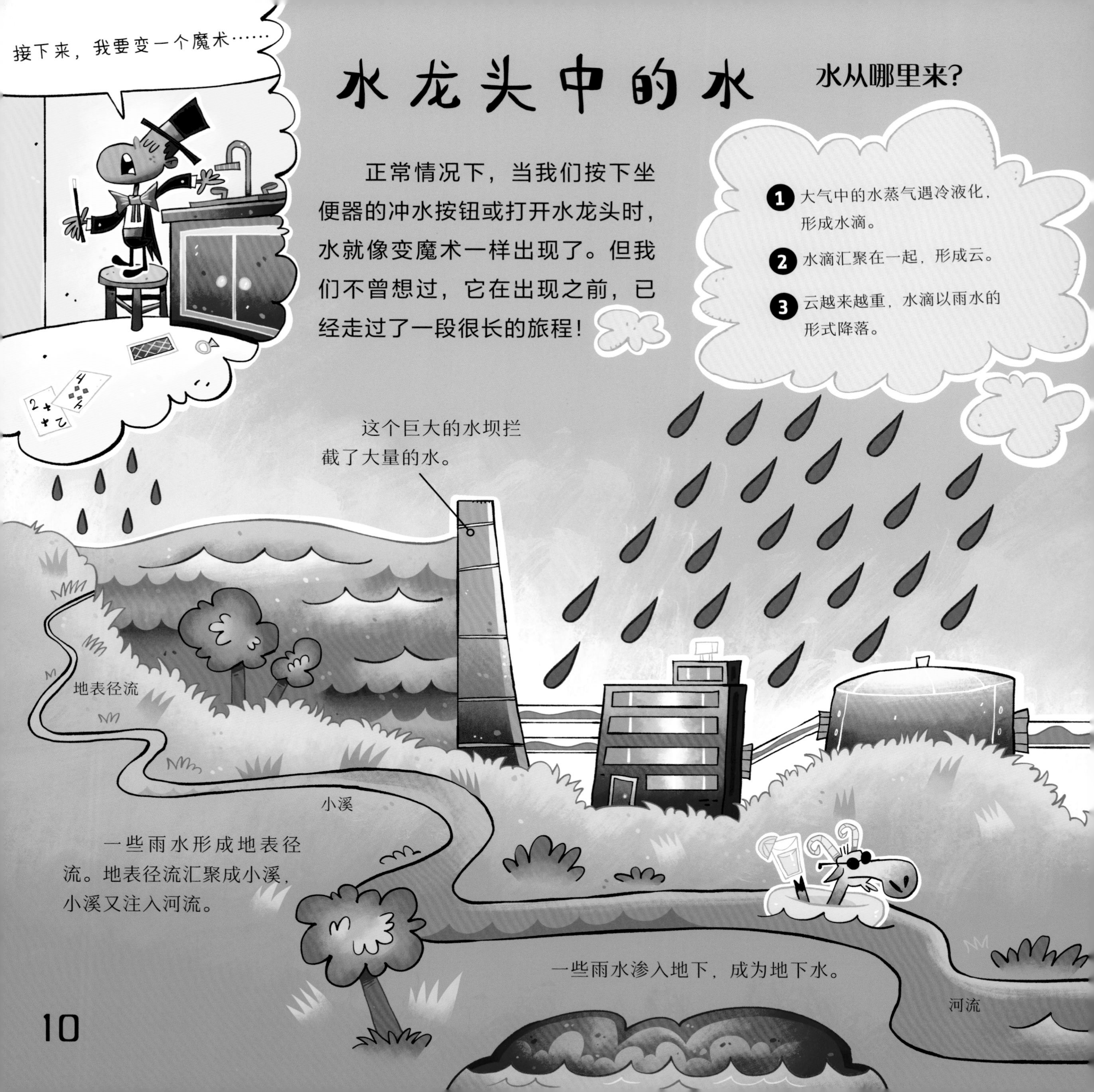

一些被水坝拦截的水通过管道被运送到处理厂，在那里，水会经过以下处理过程。

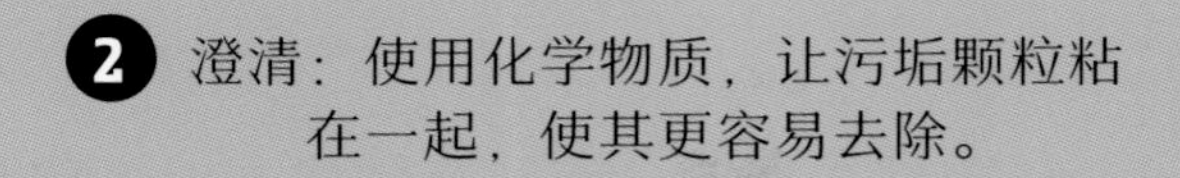

1 过滤：去除叶子、树枝和其他固体垃圾。

2 澄清：使用化学物质，让污垢颗粒粘在一起，使其更容易去除。

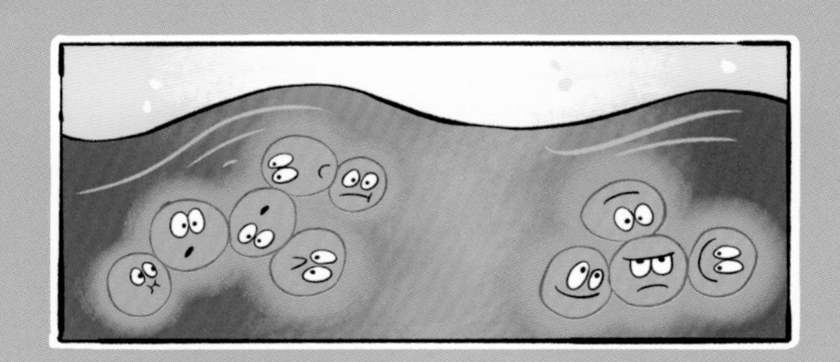

在一个有水供应的家庭中，一个人一天会使用**500**多升水。

3 过滤：通过砂和砾石进行过滤。

4 消毒：使用化学物质，消灭任何可能引起感染的病原体。

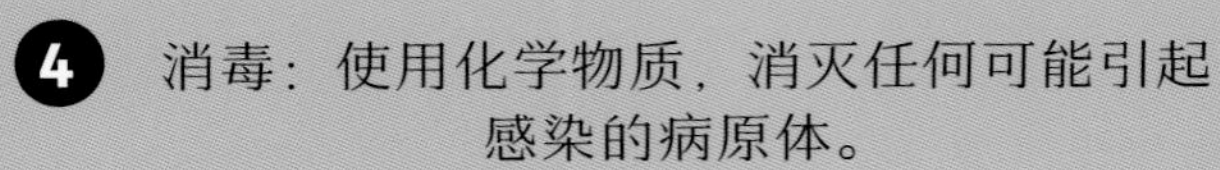

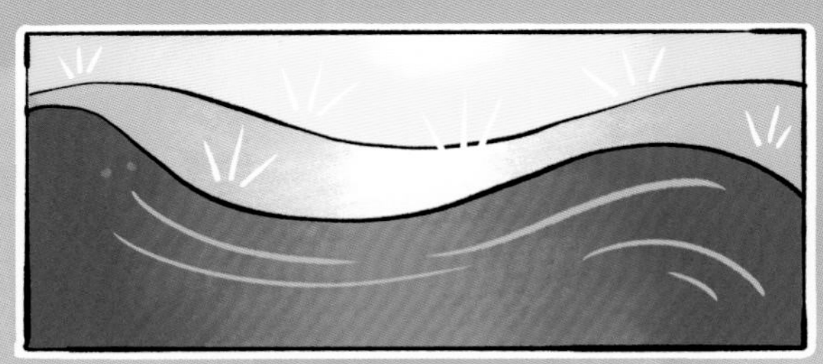

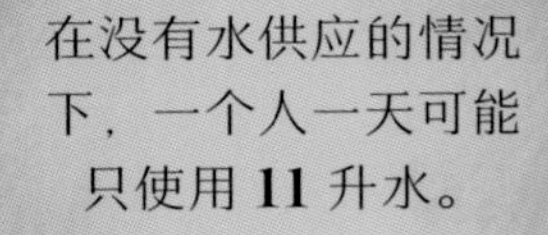

在没有水供应的情况下，一个人一天可能只使用 **11** 升水。

5 清澈、干净的水经过长长的管道被泵送到我们的家中。这样，我们一打开水龙头，就会有水流出。

6 冲厕所时，尿液会与其他家庭废水混合在一起流走。

那么，其他家庭废水是什么呢？

番茄酱和其他液体

你家里的液体并不都像水那样……

❷ 油是通过压榨种子、果实或提取动物脂肪得到的。与水不同，油有颜色和味道，可以是液态的，也可以是固态的。

❶ 番茄酱被称为“软固体”。只有在施加外力的情况下它才能像液体那样流动。

摇晃可以使固态的番茄颗粒与水混合在一起，然后，番茄酱就能像液体那样流动，速度为 **0.045 千米每小时**！

油和水非常不同，它们不会相互混合。

❸ 洗涤灵中的去污物质有点儿像蝌蚪。

洗碗时，洗涤灵中的去污物质会把“小尾巴”“插”入油滴，并把油滴包裹住，从而使油滴分散在水中。

❹ 蜡烛燃烧产生的热量使蜡熔化。

固态蜡烛中紧密排列的粒子在蜡熔化后会互相分散开。

液态的蜡在冷却时变为固态。

❺ 这些液体可以和洗完碗的污水一起流入下水道。

以下液体则不能流入下水道。

如果不该从下水道排出的液体从下水道排出，那么会发生什么呢？

油脂的问题

来自我们屋里屋外的废水沿着地下管道流向“污水系统”，与来自其他房屋的废水汇合。

废水中含有粪便和其他物质，因此不能直接流回大海！重力可以帮助废水沿着管道向废水处理中心快速流动……

但有时，某些废弃物会堵塞管道！

油脂山

液态油脂在地下管道中冷却，变成固体。

1 一块块固态的油脂……

2 ……黏附在湿巾上。

3 更多的油脂、粪便、湿巾、尿布和棉签随之而来，危险的细菌也附着在上面。

4 这个块状物逐渐变成一个巨大的固体，被称为油脂山！

当油脂山阻塞下水道时，管道可能会爆裂，粪便可能会从坐便器中喷出来！

堵塞已经清除，废水可以流动了。那么，这些废水又将去哪儿呢？

尿液去向何处？

当废水到达废水处理厂（见第 11 页）时，它们会被引入沉淀池中。

数以百万计的细菌分解固体污泥，并使其安全无害。

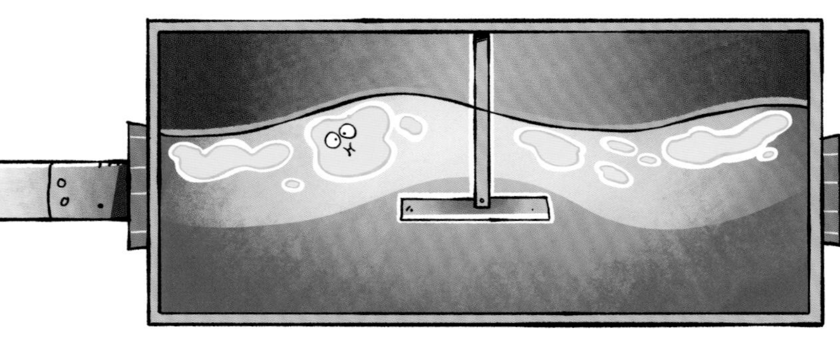

1 号池：油脂浮到顶部后会被清除，并且可以被再次用作能源。

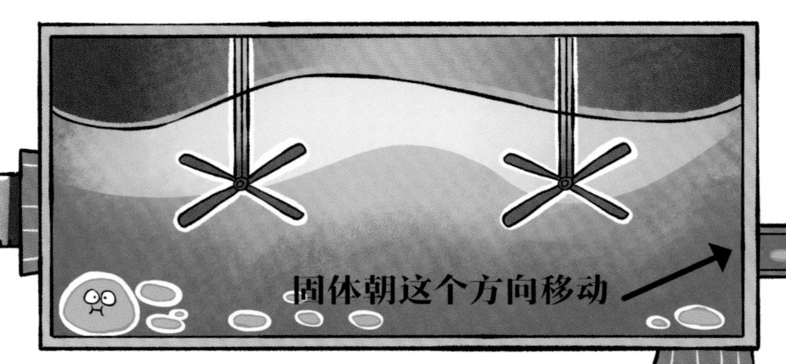

2 号池：由于重力作用，固体沉到池底。

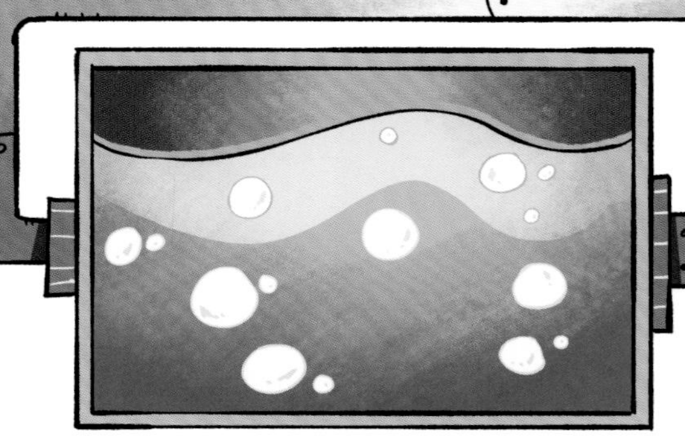

3 号池：水中的气泡可以消除异味。同时，化学物质也可以去除可能会导致有害植物生长的营养物质。经过这样的处理，水更容易过滤。

4 号池：过滤池中有砂层和小卵石层，它们能够过滤掉细小的污垢。一些较新的废水处理厂不再设置这个池。

5 号池：对水质进行检测，以确保其清洁、安全，能够被排放到河流或海洋中，并回到水循环中（见第 20 页）。

通过检测后，这些水也可能流回我们的家中！

历史上的尿液

在几千年前的古罗马，尿液就有一些有趣的用途……

被蝎子蜇伤怎么办?
建议你用尿液来缓解疼痛。

古罗马人可以卖掉他们的尿液！尿液会被……

尿液也会在街角被人们收集起来。尿素（见第 9 页）分解生成的氨气可以去除衣物上的污渍！

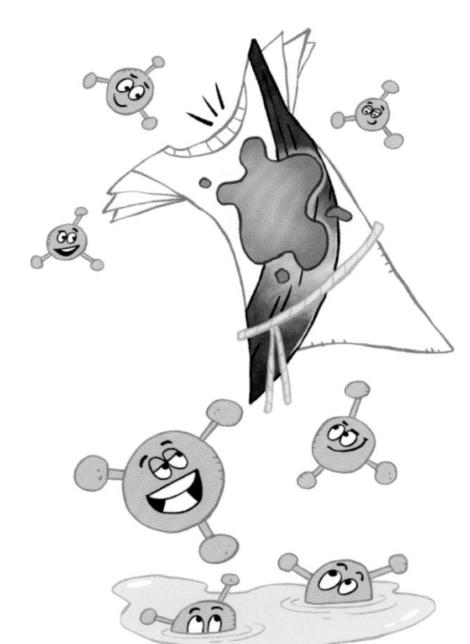

然而目前，有些地方的污水会流入河流和海洋，损害野生动植物。

尿液会危害海洋吗?

在海洋里撒尿

你知道吗，很多海洋生物都会向海洋里排尿，它们的尿液非常有用。

体形较大的海洋动物尿液中富含磷，这些磷来自它们吃掉的生物的骨头，能够使珊瑚的生长速度提高 1.5 倍。因此，人类过度捕捞这些大型海洋生物，会对其他海洋生物的生存构成威胁。

尿液过多

有时，人类产生的大量生活污水会与农业污水中的化学肥料在海水中混合。这时，就会发生奇怪的事。

恐龙尿雨

令人难以置信的是，自地球形成以来，地球总水量几乎没有变化。这些水在过去数十亿年间一直在液态、固态和气态之间变化，不断循环。

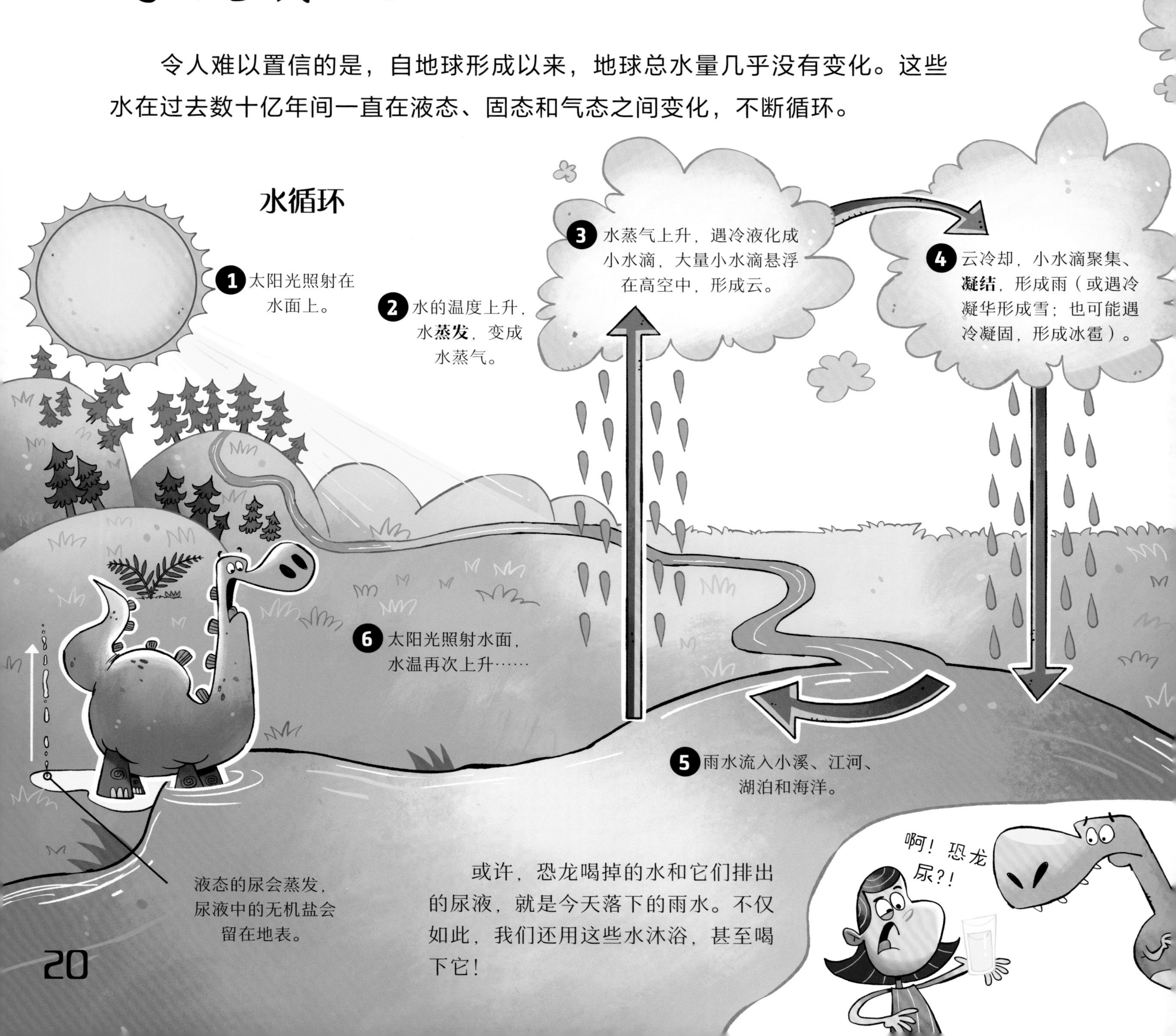

或许，恐龙喝掉的水和它们排出的尿液，就是今天落下的雨水。不仅如此，我们还用这些水沐浴，甚至喝下它！

太潮啦！

印度的毛辛拉姆村是世界上最潮湿的地方之一，这里的年平均降雨量可达 **11 871** 毫米。

如果雨下得太大，当地学校就会放雨假。

世界上部分地区的气候正在变得越来越湿润。面对这种情况，我们应该如何应对呢？

吸收水分

很多人类活动，如驾驶汽油驱动的汽车、家畜养殖，都会产生大量的二氧化碳气体和甲烷气体。然而近几十年来，这些气体的排放量越来越大，使全球气候日渐变暖。

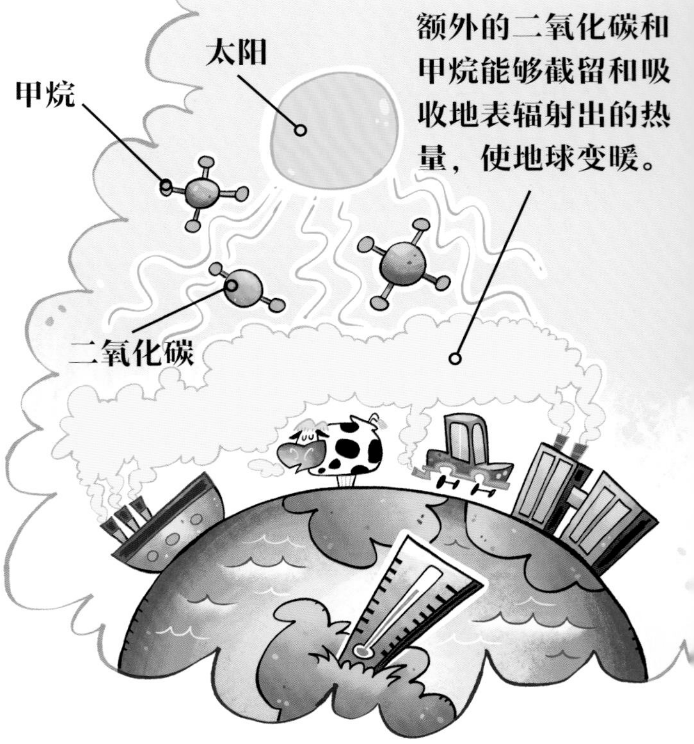

太阳

甲烷

二氧化碳

额外的二氧化碳和甲烷能够截留和吸收地表辐射出的热量，使地球变暖。

变暖的空气会携带更多的水蒸气，带来快速而猛烈的降雨。如果排水系统无法及时排出雨水，雨水就会积存，严重时可导致洪涝灾害。

快速流动的洪水足以冲倒行人。

洪水会毁坏农作物，污染饮用水，传播疾病，给人类造成巨大的损失。

欢迎来到海绵城市

雨季时，一些城市极易遭受暴雨袭击，混凝土道路和建筑物让洪水无处可去。

但是，科学家们都在努力寻找解决方案。有的科学家正在设计能像海绵一样吸收雨水，并重复利用雨水的城市。

雨水和混凝土道路混合得不好。

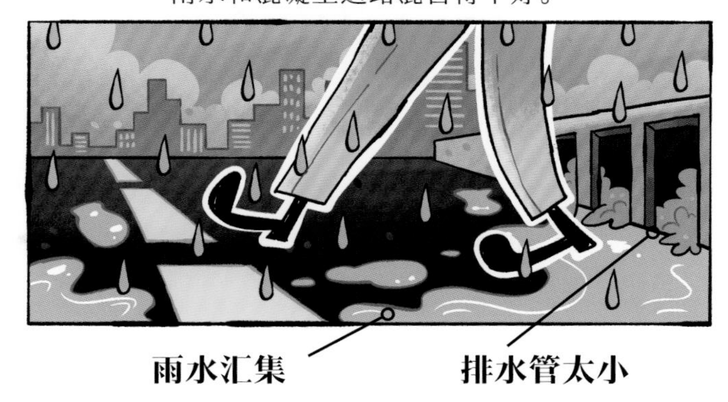

在中国，很多地方都在努力推进海绵城市建设项目。

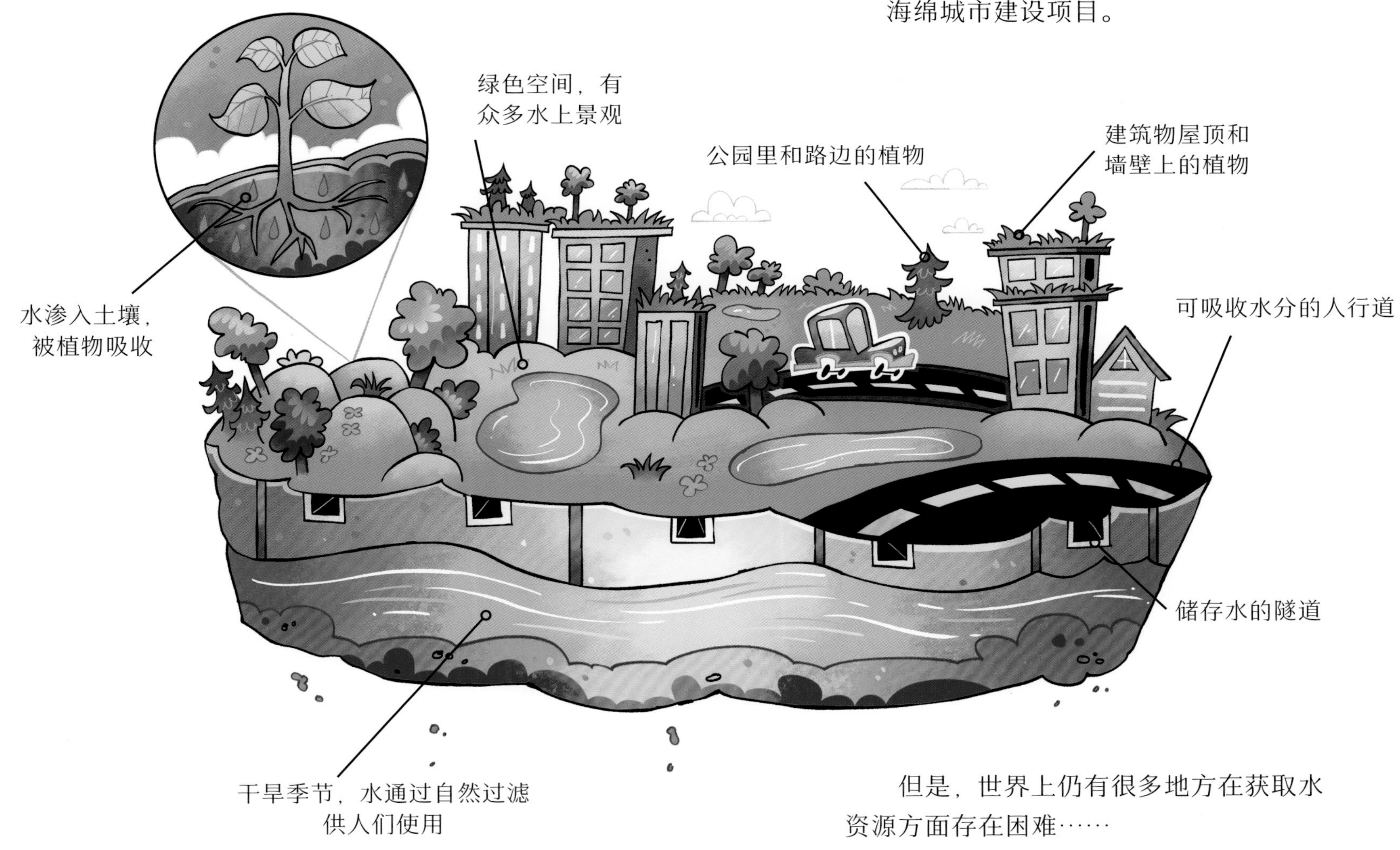

但是，世界上仍有很多地方在获取水资源方面存在困难……

水，到处都是水

联合国计划：到 2030 年，全球每个人都将获得安全的饮用水。但在那些几乎从不降雨的地区，这一目标能实现吗？

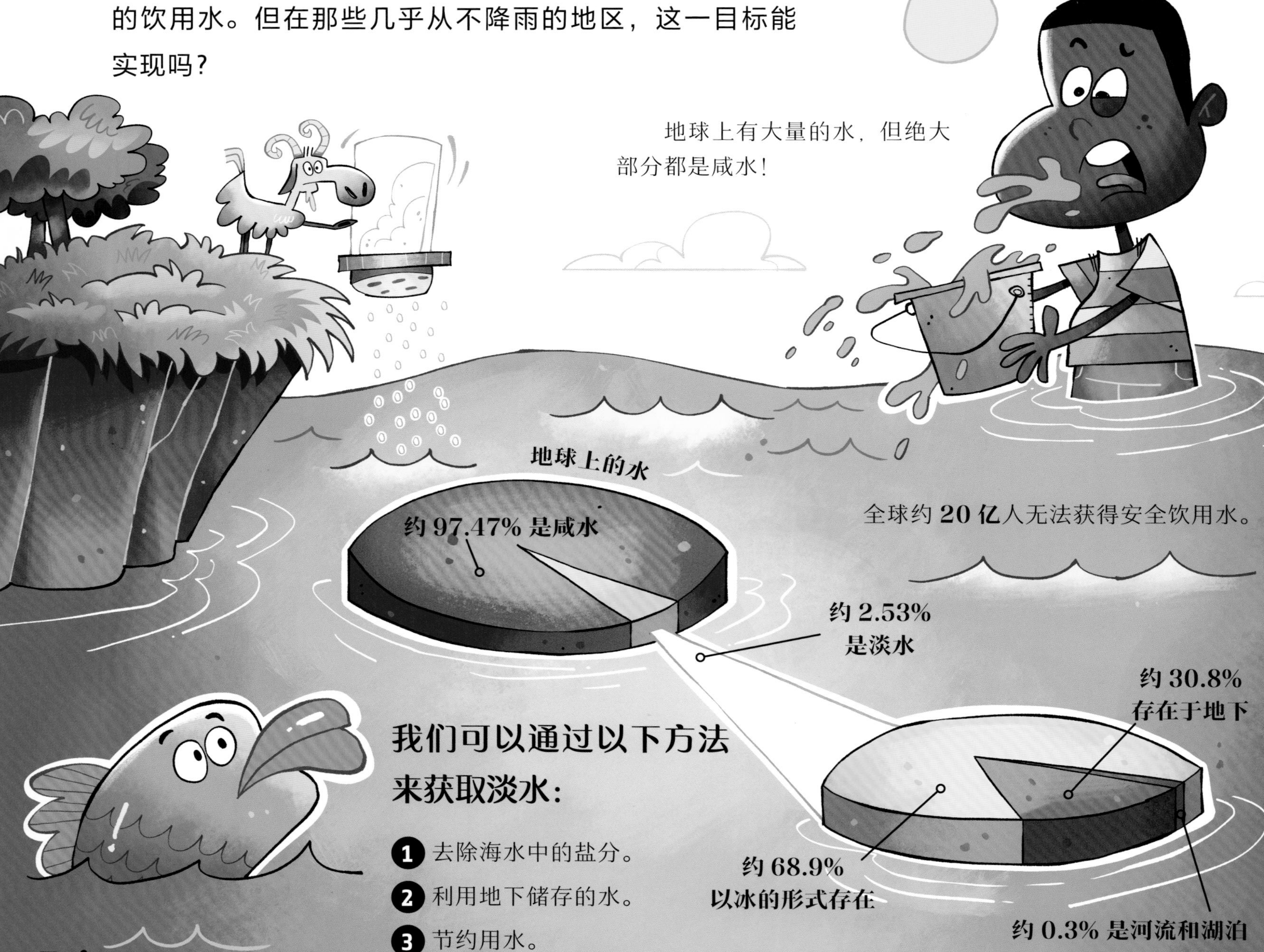

全球约 **20 亿**人无法获得安全饮用水。

我们可以通过以下方法来获取淡水：

1. 去除海水中的盐分。
2. 利用地下储存的水。
3. 节约用水。

世界上的一些地区正在变得更加干旱。随着全球温度的上升（见第 22 页），河流、海洋、土壤和植物中的水分蒸发得越来越快。

大气中的水蒸气增多了，但陆地上的液态水减少了——而且降雨分布不匀。

然后就是……

雾气收集

秘鲁的利马几乎从不下雨，通常依赖附近山峰上的冰川融水。然而，随着气温的升高，这些冰川正在逐渐消失，因此，人们试着通过收集雾气来获取水分！

但是，引发问题的不仅仅是水，其他液体也可能带来灾难。

液态土地

即使是土地和坚硬的岩石也能变成“液体”！

四面八方都在摇晃

2011 年，新西兰克赖斯特彻奇发生了一场地震，强烈的震动使得地面变得像果冻一样。很多建筑物都倒塌了，那些已经做过抗震加固处理的也不例外！

科学家称这种现象为“液化作用”。这种现象并不经常发生。如今，在新西兰，新建筑都有非常坚固的地基，建筑商会在施工前检查地质构成。

克赖斯特彻奇坐落在沉积物之上，这里的土壤主要由砂粒和黏粒构成。

颗粒紧密堆积

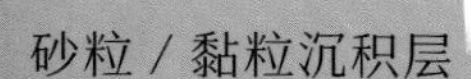

砂粒 / 黏粒沉积层

滚烫的“岩石”

地球表面坚固，但地心藏着滚烫的液态物质。

当火山爆发时，岩浆会通过地壳中的孔隙。它与气体混合，变成熔岩，流出地面。

在地表之下，岩浆每小时只流动几米。

在火山爆发之前，通常有时间逃跑。

但在火山爆发时，熔岩的流速可达**60 千米每小时**。

熔岩在其所经之处，几乎可摧毁周围的一切，但它冷却后可以形成全新的岛屿。比如，冰岛附近的苏特西岛就是在 20 世纪 60 年代海底火山爆发后形成的。

液体也塑造了地球的许多地貌。

水的力量

水一直在流动。溪水和江河在重力的作用下，从地势高的地方向地势低的地方流动，最后奔涌入海。在流动的过程中，水能够磨平岩石的棱角，移动树木和其他植物，并带走岩石和泥土碎片。这一过程叫侵蚀。

水的力量不断塑造和改变着地球的景观。位于加拿大和美国交界处的尼亚加拉瀑布，就因为流水常年侵蚀，不断向上游后退，目前每年后退 **300** 厘米。

液体对地球上所有生命都至关重要，
它们为这个世界增添了许多缤纷的色彩！

随着全球气候变暖，冰、水蒸气和液态水之间的平衡会发生改变。尽管如此，水循环本身还是会保持稳定（见第 20 页）。这意味着，无论水以液态、气态还是固态形式存在，地球总水量都与恐龙时代一样，始终保持不变。

术语表

液体: 有一定的体积，没有一定的形状，可以流动的物质。在常温下，水、酒、水银、汽油等都是液体。

黏膜: 口腔、气管、胃、肠、尿道等器官内壁上的一层薄膜，内有血管和神经等。

血液循环: 血液在心脏和血管中按一定方向周而复始地循环流动。

尿素: 有机物，无色晶体，哺乳动物蛋白质代谢最终产物。

无机盐: 人体内无机化合物盐类的统称。

地表径流: 降水除蒸发的、被土地吸收的和被水坝拦截的以外，沿着地面流走的水。

过滤: 使液体通过滤纸或其他多孔材料，把所含的直径大于孔径的固体颗粒分离出去。

熔化: 固体加热至一定温度变为液体的过程。与融化不同。

化学品: 各种化学元素组成的天然或人造的单质、化合物和混合物。

凝华: 物质由气态不经过液态直接变为固态的过程。

海绵城市: 利用城市的自然条件与工程措施来调剂雨水的蓄存与释放，从而应对雨水带来的自然灾害的城市建设理念。

混凝土: 一种建筑材料，一般用水泥、沙子、石子和水按比例搅拌而成，硬结后有耐压、耐水、耐火等性能。

蒸发: 液体表面缓慢地转变为气体的过程。

液化: 气体因温度降低或压力增加而变成液体的过程。